图解家装细部设计系列
Diagram to domestic outfit detail design

客厅666例
Living room

主 编：董 君 / 副主编：贾 刚 王 琰 卢海华

中国林业出版社

目录 / Contents

创造\实用\空间\简洁\前卫\装饰\艺术\混合\叠加\错位\裂变\解构\新潮\低调\构造\工艺\功能\创造\实用\空间\简洁\前卫\装饰\艺术\混合\叠加\错位\裂变\解构\新潮\低调\构造\工艺\功能\简洁\前卫\装饰\艺术\混合\叠加\错位\裂变\解构\新潮\低调\构造\工艺\功能\创造\实用\空间\简洁\前卫\装饰\艺术\混合\叠加\错位\裂变\解构\新潮\低调\构造\工艺\功能\创造\实用\空间\简洁\前卫\装饰\艺术\混合\叠加\错位\裂变\解构\新潮\低调\构造\工艺\功能\创造\实用\空间\简洁\前卫\装饰\艺术\混合\叠加\错位\裂变\解构\新潮\低调\构造\工艺\功能\简洁\前卫\装饰\艺术\混合\叠加\错位\裂变\解构\新潮\低调\构造\工艺\功能\创造\实用\空间\简洁\前卫\装饰\艺术\混合\叠加\错位\裂变\解构\新潮\低调\构造\工艺\功能\创造\实用\空间\简洁\前卫\装饰\艺术\混合\叠加\错位\裂变\解构\新潮\低调\构造\工艺\功能\创造\实用\空间\简洁\前卫\装饰\艺术\混合\叠加\错位\裂变\解构\新潮\低调\构造\工艺\功能\简洁\前卫\装饰\艺术\混合\叠加\错位\裂变\解构\新潮\低调\构造\工艺\功能\创造\实用\空间\简洁\前卫\装饰\艺术\混合\叠加\错位\裂变\解构\新潮\低调\构造\工艺\功能\创造\实用\空间\简洁\前卫\装饰\艺术\混合\叠加\错位\裂变\解构\新潮\低调\构造\工艺\功能\简洁\前卫\装饰\艺术\混合\叠加\错位\裂变\解构\新潮\低调\构造\工艺\功能\创造\实用\空间\简洁\前卫\装饰\艺术\混合\叠加\错位\裂变\解构\新潮\低调\构造\工艺\功能\创造\实用\空间\简洁\前卫\装饰\艺术\混合\叠加\错位\裂变\解构\新潮\低调\构造\工艺\功能\创造\实用\空间\简洁\前卫

MODERN
现代潮流

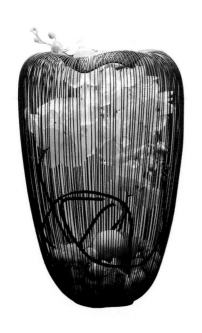

MODERN
现代潮流

简约风格的特色是将设计元素、色彩、照明、原材料简化到最少的程度，但对色彩、材料的质感要求很高。因此，简约的空间设计通常非常含蓄，往往能达到以少胜多、以简胜繁的效果。"艺术创作宜简不宜繁，宜藏不宜露。"这些是对简洁最精辟的阐述。

大幅落地窗让空间变得通透。

浅木色的贴膜营造出整洁而温馨的感觉。

鹅卵石的隔断成为视觉的中心并营造出一种自然和清新。

开放式的客厅连着餐厅和厨房让空间更加合理。

大面积的黑白形成了强烈对比。

浅木色的贴面营造出整洁而温馨的感觉。

浅色的调子让空间变得温馨和自然。

客厅背景墙的线条让空间变得更加细腻。

隔断让整个空间变得通透。

对称和谐的完美统一。

开放式的空间整体华丽而大方。

客厅中混搭着中式风格和东南亚风情，让空间更加舒适。

深绿色的背景墙成为视觉中心。

大量的书柜满足业主对储物的需求。

大面积的落地窗增加了空间的通透度。

壁纸有着一种天生的神奇魔力，能为墙面打造出百变妆容。

黄色的沙发成为视觉的中心。

白色的调子让空间变得简洁明快。

背景墙成为视觉中心。

浅蓝色的墙漆让空间变得清新而洁净。

大幅的落地窗让客厅通透而明亮。

隔断的使用让空间变得动静结合。

客厅吊顶错落有致。

大幅的落地窗让客厅通透而明亮。

大理石背景墙成为视觉中心。

客厅的天井和大面的落地窗相互呼应。

大理石壁炉成为客厅的视觉中心。

背景墙中，石材与木材的完美结合。

通透的客厅连接着餐厅和厨房。

背景墙的相框成为客厅的视觉中心。

装饰柜成为视觉中心，既有功能性又有装饰性。

客厅天花的线条让空间变得更加细腻。

深色的电视背景墙成为客厅的视觉中心。

客厅的隔断让空间变得灵活而方便。

下沉式的客厅让空间变得错落有致。

大面积的玻璃窗增强了客厅的空间感。

树状的吊灯成为客厅的视觉中心。

精细的大理石电视墙成为视觉中心，且错落有致。

装饰性的储物隔断让空间动静结合。

曲折而通透的隔断使得客厅灵动起来。

高端定制的家具提升了整个空间的品位。

精致的顶灯成为整个空间的视觉中心。

不规则的三角形成为整个视觉的中心。

金属色的树状灯成为空间的视觉焦点。

大理石的地面与白色的顶面相互呼应。

艺术画成为客厅的视觉中心。

隔断将空间合理分割。

复式的客厅大气而通透。

红砖的隔断是整个空间的视觉中心。

平衡对称是设计的典型手法。

小客厅通过大量的镜面处理来增大客厅的面积。

大面积的落地窗增加类客厅的空间感。

活动的木隔断让客厅灵活而有趣。

多功能装饰装饰墙是整个卧室的视觉中心。

大面积的落地窗增加类客厅的空间感。

通透的客厅连接着餐厅和厨房。

大面积的落地窗让大客厅更加通透而明亮。

多功能的隔断是整个卧室的视觉中心。

大面积的大理石墙面成为视觉中心。

米色空间给人以一种温馨的感觉。

黑灰色的调子中点缀着绿色挂画给人一种和谐的统一。

客厅隔断的灵活处理，让客厅更加灵动。

客厅中的半截电视机墙起到分隔空间的作用。

大幅的书架满足主人的阅读习惯。

蓝色的沙发提高了客厅的亮度。

原木色的墙面处理带给客厅一股自然的气息。

镜面的处理，给视觉新的体验。

简洁明快的客厅给人一种舒适的感觉。

灰色的调子营造出一种简约的生活。

定制的家具成为视觉中心。

软包电视墙成为视觉中心。

天花吊顶分隔出客厅功能空间。

活动的隔断既起到功能作用又起到装饰作用。

大幅的山水画是整个卧室的视觉中心。

原木色的装饰墙成为视觉中心。

简约的空间更具有生活气息。

客厅整洁而明快。

客厅混搭着多种风格的家具，营造出和谐的感觉。

原木线条成为视觉中心。

天花吊顶错落有序，暗藏着大量的顶灯。

大面积的玻璃"增大"了客厅的面积。

客厅的装饰价满足主人爱好陈列的需要。

宽大而舒适的客厅满足主人的需要。

原木的贴面成为视觉的中心。

小空间的处理精致而美观。

宽大而舒适的客厅满足主人接待的需要。

壁纸有着一种天生的神奇魔力，能为墙面打造出百变妆容。

墙面各种挂件打造出个性的装饰墙。

客厅的背景墙成了视觉中心。

客厅通过实木线条装饰吊顶和门套，给人一种自然的清新。

背景墙成为客厅的视觉中心，并且通过镜面拉伸了空间。

通透的隔断分隔了客厅和餐厅，形成一种动静结合的感觉。

背景墙色彩艳丽给人一种春风如意的感觉。

电视墙是整个客室的视觉中心。

背景墙的处理与客厅的效果相互统一。

客厅线条的处理，给人一种整体方正、规整的空间感。

实木装饰给客厅带来了一种自然和谐的感觉。

多功能装饰储藏墙是整个客厅的视觉中心。

客厅整体的装饰储物柜满足主人收藏的爱好。

简洁明快的客厅犹如行云流水。

背景墙的花格成为客厅的视觉中心。

简洁而明快的客厅。

简洁的线条让空间变得细腻而富有条理。

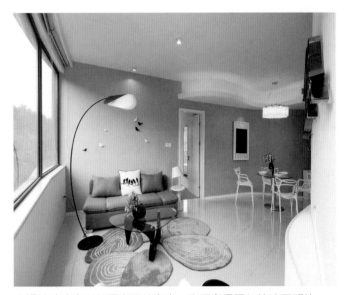

大幅的玻璃窗增加了客厅的亮度，客厅变得更加简洁而明快。

墙绘能为墙面打造出另外一种情调。

壁纸有着一种天生的神奇魔力，能为墙面打造出百变妆容。

背景墙成为视觉的中心。

灰色的调子让空间清新而淡雅。

多面的大幅窗户让复式的空间变得宽敞而明快。

大幅的隔断分隔了空间，让客厅变得动静结合。

实木贴面的背景墙让通透的空间变得稳重而大方。

浅色的清新的调子让客厅自然而清爽。

平衡对称是空间设计的典型手法。

灰调子营造的客厅，特色筒灯成为空间的亮点。

小清新的装饰调子满足都市生活的需要。

大面积客餐厅通过半透的隔断做了分隔，让空间更加合理而舒适。

深色的背景墙成为整个空间的亮点。

清新自然是客厅的主调子。

浅灰色的调子是整个空间的主调子。

大幅的投影是整个空间的亮点，满足主人娱乐休闲的需求。

壁纸有着一种天生的神奇魔力，能为墙面打造出百变妆容。

开放式的客厅将餐厅和厨房引入进来。

简约的混搭装饰，让空间变得更加舒适。

异形的天花吊顶是整个客厅的亮点。

大幅的玻璃窗将提升整个客厅的亮度。

大面积的窗户让整个空间变得透亮起来。

简洁明快的调子给人一种舒适的氛围。

半透的电视墙让空间变得通透而明快。

大幅的储物柜满足了业主储藏的需求。

简洁而明快的调子给人一种轻松而舒适的感觉。

米黄大理石让空间变得温润而大气。

简约的混搭装饰，让空间变得更加舒适。

大幅的落地窗使得客厅大气而通透。

背景墙线条的运用使得整个卧室变得灵动起来。

客厅立面墙上的壁炉使得整个客厅变得贵气。

大面积的落地窗拉伸了客厅的空间感。

混搭的调子给人一种舒适的感觉。

陈列墙是整个客厅的视觉中心。

宽大的客厅连接着餐厅和厨房。

灰黑色的墙裙与白色的吊顶和谐而统一。

大面积的玻璃将屋外的景致引入了室内空间。

灰色的调子是客厅的整体色调。

丰富的色彩给人以一种青春的感觉。

弧形的客厅营造出奇特的空间效果。

白色的墙裙加上细腻的线条给人一种极致的感觉。

冷色调的客厅给人一种宁静而致远的感觉。

客厅实木线条背景墙是整个客厅的视觉中心。

客厅大理石背景墙给人一种贵气的感觉。

通透的电视墙分隔了客厅的功能。

灰色的调子中增加了些许亮色，让客厅变得鲜亮。

浅色的开放客厅配上橘色的沙发，使得客厅春意盎然。

大面积的原木条制成的隔断，给人一种自然的古朴。

大幅抽象的壁画提升了整个客厅的品位。

多功能装饰墙是整个客厅的视觉中心。

超大的客厅给人一种开阔的豪气。

简约的空间中通过搭配人造壁炉营造一种浓浓的北欧情调。

客厅中不规则的吊顶吸引着每一位业主的心。

客厅中多层次、复合的设计，给人一种动静结合的感觉。

大面积的米色墙面给人一种自然的温润之美。

冷色的灰色调子是整个客厅的主色调。

壁纸有着一种天生的神奇魔力，能为墙面打造出百变妆容。

小空间的客厅，通过这种紧致的搭配营造出强大的功能。

高挑的客厅通过搭配多个大型泡泡灯而变得丰满。

大面积的装饰储物柜满足了主人在收藏上的需要。

黑色的线条提升了整个空间的格调。

超大的玻璃窗，将屋外的景致引入屋内。

简单的搭配营造出一种舒适和温馨的感觉。

大面积的客厅空间，通过地面的分割划分出功能空间。

大面积的水磨石墙面给客厅一种古朴而典雅的感觉。

大理石的墙面是整个卧室的视觉中心。

黑白灰的调子营造一种稳重的、平衡的感觉。

奇特的天花吊顶给空间带来极强的现代感。

石材的应用，给空间几分洁净。

拼花背景墙的运用是本设计的重点。

混搭着欧式风格的简约设计。

多个隔断的应用，将空间合理的分隔起来。

开放而通透的客厅。

简雅的客厅设计。

制
造

大幅落地窗将屋外的景色拉进来。

整洁而明快的设计风格。

对称平衡的设计是常用的设计手法。

大幅落地窗将屋外的景色拉进来，大大增加了视觉空间。

高挑的客厅通过整体搭配而变得丰满。

简洁而明快的调子。

曲线在空间中的合理运用。

大幅落地窗与大面积的镜面将空间"增大"。

装饰墙画成为视觉中心。

背景墙通过线条处理，拉伸了客厅的空间感。

精致而高雅的家具提升了空间的品位。

简约田园的设计风格。

自然而清晰的设计风格。

隔断的处理，增加了客厅的私密感。

大空间的处理。

壁炉的处理是本设计的亮点。

天花吊顶的处理是本设计的亮点。

简约的设计给人一种亲和力。

书柜满足了主人陈设的需要。

镜面的处理使得空间明亮而通透。

本案营造出自然田园的设计感觉。

从餐厅看往客厅。

本案中天花吊顶和背景墙处理是设计大亮点。

壁纸有着一种天生的神奇魔力，能为墙面打造出百变妆容。

电视墙的设计是本案的设计重点。

墙裙的除了是本案的亮点。

通过多层次空间的处理，满足小空间的需要。

简洁的线条给人以明快。

地面的处理，将功能空间清晰的分割。

自然而简洁的空间。

功能隔断的运用加大了空间利用率。

不规则的处理营造出特殊的效果。

大幅而通透的落地窗是设计的亮点。

花格的应用让空间若隐若现。

简洁而明快的设计效果。

天花吊顶是本设计的亮点。

洁净的装饰功能柜是视觉中心。

素朴的设计感觉。

浅色的客厅让空间变得更加温馨。

黑色软包背景墙成为视觉中心。

镜面背景墙让空间变得更宽敞。

下沉式客厅。

对称\简约\朴素\大气\庄重\雅致\恢弘\壮丽\华贵\高大\对比\清雅\含蓄\端庄\对称\简约\朴素\大气\对称\简约\朴素\大气\庄重\雅致\恢弘\壮丽\华贵\高大\对比\清雅\含蓄\端庄\对称\简约\朴素\大气\端庄\对称\简约\朴素\大气\庄重\雅致\恢弘\壮丽\华贵\高大\对比\清雅\含蓄\端庄\对称\简约\朴素\大气\对称\简约\朴素\大气\庄重\雅致\恢弘\壮丽\华贵\高大\对比\清雅\含蓄\端庄\对称\简约\朴素\大气\对称\简约\朴素\大气\庄重\雅致\恢弘\壮丽\华贵\高大\对比\清雅\含蓄\端庄\对称\简约\朴素\大气\庄重\雅致\恢弘\壮丽\华贵\高大\对比\清雅\含蓄\端庄\对称\简约\朴素\大气\对称\简约\朴素\大气\庄重\雅致\恢弘\壮丽\华贵\高大\对比\清雅\含蓄\端庄\对称\简约\朴素\大气\端庄\对称\简约\朴素\大气\庄重\雅致\恢弘\壮丽\华贵\高大\对比\清雅\含蓄\端庄\对称\简约\朴素\大气\对称\简约\朴素\大气\庄重\雅致\恢弘\壮丽\华贵\高大\对比\清雅\含蓄\端庄\对称\简约\朴素\大气\对称\简约\朴素\大气\庄重\雅致\恢弘\壮丽\华贵\高大\对比\清雅\含蓄\端庄\对称\简约\朴素\大气\端庄\对称\简约\朴素\大气\庄重\雅致\恢弘\壮丽\华贵\高大\对比\清雅\含蓄\端庄\对称\简约\朴素\大气\对称\简约\朴素\大气\庄重\雅致\恢弘\壮丽\华贵\高大\对比\清雅\含蓄\端庄\对称\简约\朴素\大气\对称\简约\朴素\大气\庄重\雅致\恢弘\壮丽\华贵\高大\对比\清雅\含蓄\端庄\对称\简约\朴素\大气\端庄\对称\简约\朴素\大气\庄重\雅致\恢弘\壮丽\华贵\高大\对比\清雅\含蓄\端庄\对称\简约\朴素\大气\对称\简约\朴素\大气\庄重\雅致\恢弘\壮丽\华贵\高大\对比\清雅\含蓄\端庄\对称\简约\朴素\大气\恢弘\壮丽\华贵\高大\对比\清雅\含蓄\端庄\对称\约\朴素\大气\恢弘\壮丽\华贵\高大\对比\清雅\含蓄\端庄\对称\庄重

CHINESE
中式典雅

　　雕花、隔扇、镂空是传统的中式风格的装饰物，白色或米黄色的墙面是中式装修墙面的主要色调，怀旧与情调的搭配、天然与淳朴是中式背景墙的魅力所在，让人在繁华与喧闹中找到心灵的安静。

新中式室内设计简洁而明快。

大幅的窗户让客厅明亮而洁净。

大幅的中式山水画成为视觉中心。

大幅的中式山水画成为视觉中心。

客厅兼具了休闲空间的功能。

高挑的客厅舒适而明亮。

空间的色彩鲜明。

两盏大型中式吊灯丰富了客厅。

大面积的落地窗让空间变得宽大而明亮。

开放式的客餐厅，满足业主生活的需要。

不规则的客厅别有一种韵味。

大理石背景墙成为视觉中心。

平衡对称是中式设计的典型手法。

黑白色的搭配形成强烈的视觉冲击。

大面积的落地窗让客厅明亮而宽敞。

混搭的中式效果。

简约中式的配搭。

大面积的装饰墙满足业主的收藏需求。

黑色的线条让空间变得细腻。

平衡对称是中式设计的典型手法。

米色墙面让空间更加温馨。

几幅挂画成为视觉中心。

混搭的中式风格。

天花吊顶是本设计的亮点。

客厅温馨而素雅。

简洁明快的客厅。

大幅的挂画成为视觉中心。

水墨墙画成为视觉中心。

宽大的书架，满足了业主生活的需要。

背景墙是本案的设计亮点。

大面积的客餐厅。

装饰墙成为视觉中心。

中式花格，拉伸了卧室的空间感。

明净而透亮的客厅。

背景墙是客厅的视觉中心。

落地窗让客厅通透而明亮。

高挑的客厅。

温馨而舒适的客厅。

功能装饰墙满足了业主需求。

简约中式的混搭效果。

大幅的挂画是客厅的视觉中心。

大幅的落地窗将窗外的景致引入室内。

功能装饰墙满足了业主收藏陈列的需求。

中式简约设计效果。

传统中式搭配的效果。

通透的客厅。

天花吊顶的处理是本案的亮点。

隔断的处理合理的分割了客厅。

中式混搭给人一种清新自然的感觉。

壁纸有着一种天生的神奇魔力，能为墙面打造出百变妆容。

大型水晶灯是本案的设计重点。

大幅挂画成为视觉中心。

简洁而流畅的设计风格。

天花吊顶的处理是设计亮点。

中式搭配的设计效果。

稳重而厚重的中式设计。

一组大型吊灯是本案的设计亮点。

客厅使用围坐式的布局形态，营造出平易近人的仪式感和空间层次。

落地的窗格将室外美景映入厅堂，光影在这里产生了绝妙的效果，室内外互为呼应。

流动\华丽\浪漫\精美\豪华\富丽\动感\轻快\曲线\典雅\亲切\流
动\华丽\浪漫\精美\豪华\富丽\动感\轻快\曲线\典雅\亲切\清秀\柔
美\精湛\雕刻\装饰\镶嵌\优雅\品质\圆润\高贵\温馨\流动\华丽\
浪漫\精美\豪华\富丽\动感\轻快\曲线\典雅\亲切\流动\华丽\浪
漫\精美\豪华\富丽\动感\轻快\曲线\典雅\亲切\清秀\柔美\精湛
\雕刻\装饰\镶嵌\优雅\品质\圆润\高贵\温馨\流动\华丽\浪漫\精
美\豪华\富丽\动感\轻快\曲线\典雅\亲切\流动\华丽\浪漫\精美\豪
华\富丽\动感\轻快\曲线\典雅\亲切\清秀\柔美\精湛\雕刻\装饰\镶
嵌\优雅\品质\圆润\高贵\温馨\流动\华丽\浪漫\精美\豪华\富丽
\动感\轻快\曲线\典雅\亲切\流动\华丽\浪漫\精美\豪华\富丽\动
感\轻快\曲线\典雅\亲切\清秀\柔美\精湛\雕刻\装饰\镶嵌\优雅
\品质\圆润\高贵\温馨\流动\华丽\浪漫\精美\豪华\富丽\动感\轻
快\曲线\典雅\亲切\流动\华丽\浪漫\精美\豪华\富丽\动感\轻快
\曲线\典雅\亲切\清秀\柔美\精湛\雕刻\装饰\镶嵌\优雅\品质\圆
润\高贵\温馨\流动\华丽\浪漫\精美\豪华\富丽\动感\轻快\曲线\典
雅\亲切\流动\华丽\浪漫\精美\豪华\富丽\动感\轻快\曲线\典雅
\亲切\清秀\柔美\精湛\雕刻\装饰\镶嵌\优雅\品质\圆润\高贵\温
馨\流动\华丽\浪漫\精美\豪华\富丽\动感\轻快\曲线\典雅\亲切
\流动\华丽\浪漫\精美\豪华\富丽\动感\轻快\曲线\典雅\亲切\清
秀\柔美\精湛\雕刻\装饰\镶嵌\优雅\品质\圆润\高贵\温馨\流动
\华丽\浪漫\精美\豪华\富丽\动感\轻快\曲线\典雅\亲切\流动\华
丽\浪漫\精美\豪华\富丽\动感\轻快\曲线\典雅\亲切\清秀\柔美
\精湛\雕刻\装饰\镶嵌\优雅\品质\圆润\高贵\温馨\华丽\浪漫\精
美\豪华\富丽\动感\轻快\曲线\典雅\亲切\流动\华丽\浪漫\精美
\豪华\富丽\动感\轻快\曲线\典雅\亲切\清秀\柔美\精湛\雕刻\装
饰\镶嵌\优雅\品质\圆润\高贵\温馨\流动\华丽\浪漫\精美\豪华

EUROPEAN
欧式奢华

　　欧式风格，是一种来自于欧罗巴洲的风格。主要有法式风格、意大利风格、西班牙风格、英式风格、地中海风格、北欧风格等几大流派，是欧洲各国文化传统所表达的强烈的文化内涵。

　　欧式风格强调以华丽的装饰、浓烈的色彩、精美的造型达到雍容华贵的装饰效果，同时，通过精益求精的细节处理，带给家人不尽的舒适。

大幅落地窗让空间变得通透。

弧形背景墙营造出整洁而温馨的感觉。

天花吊灯是本案例的设计亮点。

开放式的客厅连着餐厅和楼梯让空间更加合理。

大理石线角构建的背景墙成为客厅的视觉中心。

法式奢华的客厅效果。

奢华而华贵的欧式客厅。

简约欧式的设计效果。

通透的欧式大客厅。

华贵的欧式客厅给人一种富丽堂皇的感觉。

客厅与楼梯相连，一种富丽堂皇的感觉。

开放式的客厅连着餐厅和厨房让空间更加合理。

简约欧式的设计效果。

极简欧式的设计效果。

壁炉的设计是欧式客厅的重点。

华贵的欧式客厅给人一种富丽堂皇的感觉。

大幅落地窗让空间变得通透。

大型的水晶灯是欧式设计的重点。

客厅的地毯为设计师原创设计。

华贵的欧式客厅给人一种富丽堂皇的感觉。

四面的书架满足了业主的需求。

华贵的欧式客厅给人一种富丽堂皇的感觉。

背景墙的设计是设计重点。

高挑的客厅空间给人一种通透。

水晶灯的设计是本案的设计重点。

大幅落地窗让空间变得通透。

黄色的沙发提亮了空间。

华贵的欧式客厅给人一种富丽堂皇的感觉。

开放式的客厅连着餐厅和厨房让空间更加合理。

大幅落地窗让空间变得通透。

淡雅的空间中，通过彩色挂画提升空间的亮度。

法式设计给人一种简约舒适的效果。

华贵的欧式客厅给人一种富丽堂皇的感觉。

淡雅的空间中，通过彩色挂画提升空间的亮度。

华贵的欧式客厅给人一种富丽堂皇的感觉。

美式田园给人一种亲切的感觉。

壁炉的设计是欧式设计的要点。

简约欧式给人一种典雅的感觉。

壁纸有着一种天生的神奇魔力，能为墙面打造出百变妆容。

壁柜的设计是本案的重点。

华贵的欧式客厅给人一种富丽堂皇的感觉。

下层式的空间设计。

水晶吊灯成为空间的视觉中心。

整体落地窗的使用给人一种清新透亮的感觉。

法式田园设计给人一种贵族般的享受。

大幅落地窗让空间变得通透。

美式田园给人一种亲切的感觉。

大面积的客厅连接着餐厅和起居室。

华贵的欧式客厅给人一种富丽堂皇的感觉。

自然\舒适\温婉\内敛\悠闲\舒畅\光挺\华丽\朴实\亲切\实在\平衡\温婉\内敛\悠闲\舒畅\光挺\华丽\自然\舒适\温婉\内敛\悠闲\舒畅\光挺\华丽\朴实\亲切\实在\平衡\温婉\内敛\悠闲\舒畅\光挺\华丽\自然\舒适\温婉\内敛\悠闲\舒畅\光挺\华丽\朴实\亲切\实在\平衡\温婉\内敛\悠闲\舒畅\光挺\华丽\自然\舒适\温婉\内敛\悠闲\舒畅\光挺\华丽\朴实\亲切\实在\平衡\温婉\内敛\悠闲\舒畅\光挺\华丽\朴实\亲切\实在\平衡\温婉\内敛\悠闲\舒畅\光挺\华丽\自然\舒适\温婉\内敛\悠闲\舒畅\光挺\华丽\朴实\亲切\实在\平衡\温婉\内敛\悠闲\舒畅\光挺\华丽\自然\舒适\温婉\内敛\悠闲\舒畅\光挺\华丽\朴实\亲切\实在\平衡\温婉\内敛\悠闲\舒畅\光挺\华丽\自然\舒适\温婉\内敛\悠闲\舒畅\光挺\华丽\朴实\亲切\实在\平衡\温婉\内敛\悠闲\舒畅\光挺\华丽\自然\舒适\温婉\内敛\悠闲\舒畅\光挺\华丽\朴实\亲切\实在\平衡\温婉\内敛\悠闲\舒畅\光挺\华丽\温婉\内敛\悠闲\舒畅\光挺\华丽\朴实\亲切\实在\平衡\温婉\内敛\悠闲\舒畅\光挺\华丽\自然\舒适\温婉\内敛\悠闲\舒畅\光挺\华丽\朴实\亲切\实在\平衡\温婉\内敛\悠闲\舒畅\光挺\华丽\自然\舒适\温婉\内敛\悠闲\舒畅\光挺\华丽\朴实\亲切\实在\平衡\温婉\内敛\悠闲\舒畅\光挺\华丽\自然\舒适\温婉\内敛\悠闲\舒畅\光挺\华丽\朴实\亲切\实在\平衡\温婉\内敛\悠闲\舒畅\光挺\华丽\自然\舒适\温婉\内敛\悠闲\舒畅\光挺\华丽\朴实\亲切\实在\平衡\温婉\内敛\悠闲\舒畅\光挺\华丽\自然\舒适\温婉\内敛\悠闲\舒畅\光挺\华丽\朴实\亲切\实在\平衡\温婉\内敛\悠闲\舒畅\光挺\华丽\自然\舒适\温婉\内敛\悠闲\舒畅\光挺\华丽\朴实\亲切\实在\

PASTORAL
田园混搭

　　凸显自我、张扬个性的时尚混搭风格已经成为现代人在家居设计中的首选。无常规的空间解构，大胆鲜明、对比强烈的色彩布置，以及刚柔并济的选材搭配，无不让人在冷峻中寻求到一种超现实的平衡，而这种平衡无疑也是对审美单一、居住理念单一、生活方式单一的最有力的抨击。

大幅落地窗让空间变得通透。

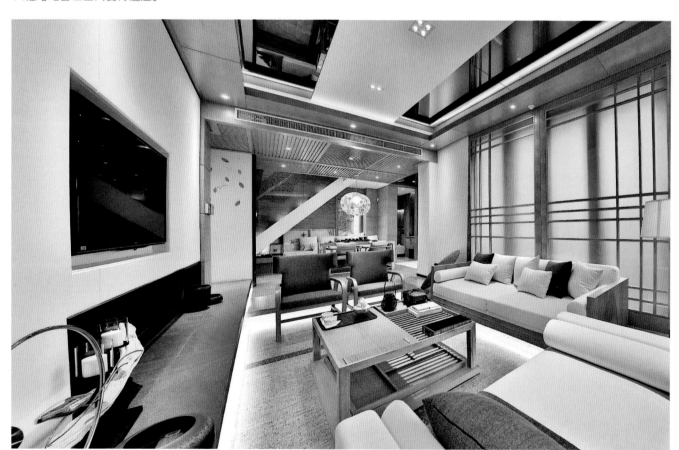

浅木色的贴面营造出整洁而温馨的感觉。

桃红色的墙漆营造出一种热情的氛围。

欧式和中式的混搭效果。

特色壁炉成为设计亮点。

美式田园混搭着简约风格。

欧式与现代简约的搭配风格。

中式与欧式风格的混搭。

下层式的欧式简约设计。

背景墙成为设计的视觉中心。

中式风格中夹杂着现代简约设计。

开放式的客厅连着餐厅和厨房让空间更加合理。

大幅落地窗让空间变得通透。

美式田园混搭着简约风格。

装饰背景墙成为设计的视觉中心。

开放式的客厅连着餐厅和厨房让空间更加合理。

大幅落地窗让空间变得通透。

大幅挂画让空间变得更加丰满。

壁炉是本案设计的亮点。

大幅落地窗让空间变得通透。

装饰背景墙成为设计的视觉中心。

开放式的客厅连着餐厅和厨房让空间更加合理。

背景墙中的装饰画是视觉中心。

壁纸有着一种天生的神奇魔力，能为墙面打造出百变妆容。

装饰背景墙是本案设计亮点。

大幅落地窗让空间变得通透。

欧式奢华的装饰效果。

开放式的客厅连着餐厅和厨房让空间更加合理。

原木的吊顶是本案的设计亮点。

大幅落地窗让空间变得通透。

定制的欧式沙发是主人的最爱。

背景墙的设计是本案的亮点。

欧式风格中混搭着中式的设计格调。

线条的使用提升了整个设计的品质。

东南亚风格中夹杂着中式设计。

大幅落地窗让空间变得通透。

欧式风格中混搭着中式的设计格调。

东南亚风格中夹杂着中式设计。

本案中的天花吊顶是设计的重点。

灰色的调子给人一种稳重的感觉。

大理石的墙面提升了设计的品质。

简约的混搭设计给人舒适的感觉。

大幅落地窗让空间变得通透。

紫色的运用让空间充满了活力。

欧式简约中夹杂着田园风情。

东南亚异域风情的混搭设计。

黄色的背景墙提升了空间的亮度。

设计师营造出一种奢华的自然。

开放式的客厅连着楼梯，让空间更加合理。

壁纸有着一种天生的神奇魔力,能为墙面打造出百变妆容。

背景墙是设计的重点。

设计师营造出一种自然和清新。

开放式的客厅连着餐厅和楼梯，让空间更加合理。

背景墙是本案设计的亮点。

设计师营造出自然而田园的感觉。

开放式的客厅连着餐厅和厨房，让空间更加通透。

浅灰色的调子让空间自然而朴素。

大幅落地窗让空间变得通透。

壁炉的设计是本案的设计亮点。

大面积的装饰画成为视觉的中心并营造出一种自然和清新。

开放式的客厅连着餐厅和厨房让空间更加合理。

拱形的园门和特色家具一同营造出田园风情。

设计师营造出整洁而温馨的感觉。

浅绿色的背景墙营造出一种自然和清新。

鹅卵石的背景墙成为视觉的中心并营造出一种自然和清新。

大面积的蓝色提亮了空间。

设计师营造出温馨而富有情调的感觉。

大面积的背景墙是本案设计亮点。

简洁而清新的田园情调。

圆弧的线角营造出特殊的感觉。

设计师营造出整洁而温馨的感觉。

田园风情装饰水晶灯，营造出一种自然和华美的感觉。

蓝色的墙面和顶面给人一种大海般的感觉。

背景墙的设计是本案的亮点。

多层的装饰储物柜是本案的设计重点。

大幅漫画的陈设让空间更加活跃而灵动。

蓝色的地面，白色的顶面，有种蓝天碧海的感觉。

设计师营造出一种自然和清新的感觉。

多层的装饰储物柜是本案的设计亮点。

大幅漫画的陈设让给人一种异域情调。

开放式的客厅连着餐厅和厨房让空间更加合理。

大幅落地窗让空间变得通透。

小空间的灵活处理。

壁炉是本案的设计亮点。

蓝色的家具提亮了整个空间。

活动隔断装饰柜是本案的设计亮点。

大幅抽象画的陈设让给人一种艺术格调。

壁纸有着一种天生的神奇魔力，能为墙面打造出百变妆容。

蜿蜒而上的摆台美观实用。

山川挂画让房间多了一种广阔天然的美。

大幅抽象画和玄关巧妙配搭。

蓝色的墙漆给空间带来厚重感。

Background Wall

图 解 家 装 细 部 设 计 系 列
Diagram to domestic outfit detail design

背景墙 666 例
Background wall

主 编：董 君 / 副主编：贾 刚 王 琰 卢海华

中国林业出版社

目录 / Contents

对称\简约\朴素\大气\庄重\雅致\恢弘\壮丽\华贵\高大\对比\清雅\含蓄\端庄\对称\简约\朴素\大气\对称\简约\朴素\大气\庄重\雅致\恢弘\壮丽\华贵\高大\对比\清雅\含蓄\端庄\对称\简约\朴素\大气\端庄\对称\简约\朴素\大气\庄重\雅致\恢弘\壮丽\华贵\高大\对比\清雅\含蓄\端庄\对称\简约\朴素\大气\对称\简约\朴素\大气\庄重\雅致\恢弘\壮丽\华贵\高大\对比\清雅\含蓄\端庄\对称\简约\朴素\大气\对称\简约\朴素\大气\庄重\雅致\恢弘\壮丽\华贵\高大\对比\清雅\含蓄\端庄\对称\简约\朴素\大气\庄重\雅致\恢弘\壮丽\华贵\高大\对比\清雅\含蓄\端庄\对称\简约\朴素\大气\对称\简约\朴素\大气\庄重\雅致\恢弘\壮丽\华贵\高大\对比\清雅\含蓄\端庄\对称\简约\朴素\大气\对称\简约\朴素\大气\庄重\雅致\恢弘\壮丽\华贵\高大\对比\清雅\含蓄\端庄\对称\简约\朴素\大气\庄重\雅致\恢弘\壮丽\华贵\高大\对比\清雅\含蓄\端庄\对称\简约\朴素\大气\对称\简约\朴素\大气\庄重\雅致\恢弘\壮丽\华贵\高大\对比\清雅\含蓄\端庄\对称\简约\朴素\大气\对称\简约\朴素\大气\庄重\雅致\恢弘\壮丽\华贵\高大\对比\清雅\含蓄\端庄\对称\简约\朴素\大气\端庄\对称\简约\朴素\大气\庄重\雅致\恢弘\壮丽\华贵\高大\对比\清雅\含蓄\端庄\对称\简约\朴素\大气\对称\简约\朴素\大气\庄重\雅致\恢弘\壮丽\华贵\高大\对比\清雅\含蓄\端庄\对称\简约\朴素\大气\对称\简约\朴素\大气\庄重\雅致\恢弘\壮丽\华贵\高大\对比\清雅\含蓄\端庄\对称\简约\朴素\大气\端庄\对称\简约\朴素\大气\庄重\雅致\恢弘\壮丽\华贵\高大\对比\清雅\含蓄\端庄\对称\简约\朴素\大气\对称\简约\朴素\大气\庄重\雅致\恢弘\壮丽\华贵\高大\对比\清雅\含蓄\端庄\对称\简约\朴素\大气\恢弘\壮丽\华贵\高大\对比\清雅\含蓄\端庄\对称\朴素\大气\恢弘\壮丽\华贵\高大\对比\清雅\含蓄\端庄\对称\庄重

CHINESE
中式典雅

　　雕花、隔扇、镂空是传统的中式风格的装饰物，白色或米黄色的墙面是中式
装修墙面的主要色调，怀旧与情调的搭配、天然与淳朴是中式背景墙的魅力所在，
让人在繁华与喧闹中找到心灵的安静。

一副简约挂画增添现代气息。

壁纸有着一种天生的神奇魔力，能为墙面打造出百变妆容。

山水画壁纸与同色调瓷器相映成趣。

米色幕布散落三点图画更显干净简约。

并列三幅中式书画体现了求同存异的文化内涵。

中式攒斗背景墙在灯带映照下更具特色。

Background Wall

文化石营造出的特殊效果。

执笔点墨图彰显文化底蕴。

明黄底衬花鸟图透出浓浓富贵中国风。

横条木格栅当中留圆凸显浮雕精美 。

装饰画为房间增添一抹艺术气息。

淡雅国画体现有意有境的独特气质。

原木方格嵌大理石花纹墙壁更显庄重雅致。

白色大理石背景墙低调却明亮。

一幅荷花图延展开来。

壁纸给房间带来一丝宁静清新之美。

壁纸中央的孔雀带来一种高贵灵动的美感。

绽放的巨大花朵透出勃勃生机。

白色暗花壁纸低调而不失情趣。

挂画拼接的树枝苍劲有力。

山水画为底凸显文化内涵。

一幅孔雀图安静优雅。

三幅版画拼出金色大地。

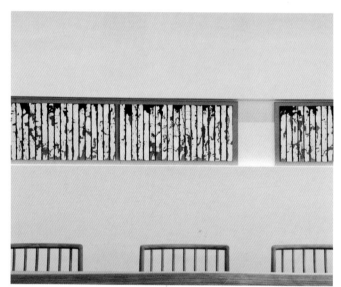

拼接木条的做旧处理。

长方形画作并列而立凸显花朵千姿百态。

三幅抽象黑白画现代气息浓重。

水墨画壁纸体现了一种悠闲自在的心境。

绚丽荷花图个性鲜明。

淡黄色花鸟壁纸透出清新的田园风。

壁纸以白底衬托烟波水纹上两只活灵活现的金鱼。

文化石灯光下更显立体。

流畅的书法诠释文字魅力。

竖条纹流畅自然。

嫩绿叶片壁纸环保清新。

原木色条纹穿插竖立不单调。

黑色凸显沉稳干练之风。

白色为主的山峦与四周很好的融合一体。

壁纸体现了主人对中国文化的追求。

灰蓝壁纸纯净素雅。

大理石花纹电视墙厚重明亮。

小块瓷砖拼出一幅荷花图。

中式花纹背景墙庄重和谐。

米色条纹立体壁纸更显挂画独特。

长形挂画凸显艺术气质。

中式花纹镂空处理使黑色背景不单调。

壁纸散发出浓浓中式古典气息。

清新壁纸剪出一两朵祥云和谐美好。

壁纸彰显了中式园林之美。

抽象国画透出混搭风。

以墙作画大气而不失精细。

烟状花朵缥缈浪漫。

一幅国画丰富了空间内涵与层次。

四幅挂画分裂又统一更显画中风景广袤。

灰色立体背景纹理感十足。

壁纸饱满整齐却低调雅致。

墨绿色中式镂空背景墙时尚又复古。

壁纸镜面处理明亮干净。

金属边纯色背景墙简约大气。

壁纸展现了夏日百花争艳之景。

中式格栅电视墙古风古韵。

壁纸透出高贵的文人气息。

墙壁的立体方格处理。

中式攒斗隔断稳重宁静。

壁纸体现出后现代艺术特质。

浓重的黑色中花开愈加艳丽神秘。

九宫格装饰出多样活泼的背景墙。

大花安静绽放引蝶环绕。

写生国画体现文人风骨。

素雅壁纸更显宁静淡然。

牡丹争艳图更显卧室雍容华贵。

抽象壁纸突出现代时尚之感。

一篇裱好的书法为房间注入了书香之气。

金色立体圆盘个性鲜明。

纯色衬托下画更美。

三幅并列抽象画使人眼前一亮。

黑白配大理石背景简洁现代。

纯米色壁纸干净温馨。

玫瑰金网格棉包立体背景墙舒适华丽。

蓝底白条纹壁纸淡雅宁静。

白色立体背景墙更显折扇装饰独特抢眼。

刺绣花朵壁纸更有一种真实的美。

簇状立体装饰配以灯光更显新奇独特。

方形挂画中一大圆和谐平静。

山水画壁纸将自然大观悄然引入。

砖墙使背景更具年代感。

素色繁华壁纸与挂画相互呼应。

零乱的中国风不失统一。

百叶窗似得纯白背景统一又不单调。

壁纸中透出一股清新的田园风。

以景为实更显壁纸自然大气。

画中有画的背景墙立体感十足。

原木色壁纸自然温馨。

中式镂空隔断通透优雅。

米白色壁纸点缀以金色圆盘。

风景画壁纸给房间增添生机。

颜色与排列错落有致的背景墙富含时尚感。

纯蓝色壁纸带来水的纯净气息。

上下左右相互补充使壁纸更有格调。

抽象立体壁纸耐心寻味。

黄黑纹理大理石背景墙温馨华丽。

暗金反光背景墙使房间朦胧浪漫。

深棕壁纸庄重而不失时尚。

宝蓝色与金色碰撞出低奢的中国风。

抽象画使背景墙饱满时尚。

金色为主的抽象画使背景墙精致独特。

流动\华丽\浪漫\精美\豪华\富丽\动感\轻快\曲线\典雅\亲切\流
动\华丽\浪漫\精美\豪华\富丽\动感\轻快\曲线\典雅\亲切\清秀\柔
美\精湛\雕刻\装饰\镶嵌\优雅\品质\圆润\高贵\温馨\流动\华丽\
浪漫\精美\豪华\富丽\动感\轻快\曲线\典雅\亲切\流动\华丽\浪
漫\精美\豪华\富丽\动感\轻快\曲线\典雅\亲切\清秀\柔美\精湛
\雕刻\装饰\镶嵌\优雅\品质\圆润\高贵\温馨\流动\华丽\浪漫\精
美\豪华\富丽\动感\轻快\曲线\典雅\亲切\流动\华丽\浪漫\精美\豪
华\富丽\动感\轻快\曲线\典雅\亲切\清秀\柔美\精湛\雕刻\装饰\镶
嵌\优雅\品质\圆润\高贵\温馨\流动\华丽\浪漫\精美\豪华\富丽
\动感\轻快\曲线\典雅\亲切\流动\华丽\浪漫\精美\豪华\富丽\动
感\轻快\曲线\典雅\亲切\清秀\柔美\精湛\雕刻\装饰\镶嵌\优雅
\品质\圆润\高贵\温馨\流动\华丽\浪漫\精美\豪华\富丽\动感\轻
快\曲线\典雅\亲切\流动\华丽\浪漫\精美\豪华\富丽\动感\轻快
\曲线\典雅\亲切\清秀\柔美\精湛\雕刻\装饰\镶嵌\优雅\品质\圆
润\高贵\温馨\流动\华丽\浪漫\精美\豪华\富丽\动感\轻快\曲线\典
雅\亲切\流动\华丽\浪漫\精美\豪华\富丽\动感\轻快\曲线\典雅
\亲切\清秀\柔美\精湛\雕刻\装饰\镶嵌\优雅\品质\圆润\高贵\温
馨\流动\华丽\浪漫\精美\豪华\富丽\动感\轻快\曲线\典雅\亲切
\流动\华丽\浪漫\精美\豪华\富丽\动感\轻快\曲线\典雅\亲切\清
秀\柔美\精湛\雕刻\装饰\镶嵌\优雅\品质\圆润\高贵\温馨\流动
\华丽\浪漫\精美\豪华\富丽\动感\轻快\曲线\典雅\亲切\流动\华
丽\浪漫\精美\豪华\富丽\动感\轻快\曲线\典雅\亲切\清秀\柔美
\精湛\雕刻\装饰\镶嵌\优雅\品质\圆润\高贵\温馨\华丽\浪漫\精
美\豪华\富丽\动感\轻快\曲线\典雅\亲切\流动\华丽\浪漫\精美\
豪华\富丽\动感\轻快\曲线\典雅\亲切\清秀\柔美\精湛\雕刻\装
饰\镶嵌\优雅\品质\圆润\高贵\温馨\流动\华丽\浪漫\精美\豪华

EUROPEAN
欧式奢华

精美古典的油画、金属光泽的壁纸、繁复婉转的脚线，繁复典雅，华丽而复古，坐在家里也能感受高贵的宫廷氛围，在水晶吊灯的映衬下，更加亮丽夺目，昭示着现代人对奢华生活的追求。

一副彩色风景油画体现出主人高雅的品味。

米色背景墙更加衬托出欧式家具古典之美。

不均匀的颜色分布带来欧式繁复之美。

立体大菱形铺满墙面尽显华丽大气。

背景墙将欧式古典与繁复完美结合。

灰蓝壁纸透出舒适的绅士气度。

精致繁复的金色花纹在黑色烘托下愈加尊贵华美。

缎面软包背景墙在灯光照射下暗纹流动。

整齐而列的一幅幅油画体现出欧式艺术风情。

纯白镂空花纹打造浪漫背景墙。

清新叶片绘出欧式繁复之美。

浮雕般的背景墙沉淀出欧式古典风情。

葡萄酒的醇香从一幅幅挂画中飘溢出来。

金属边框烘托欧式华丽气氛。

精美油画与素颜壁纸相得益彰。

金属材质及黄金色的结合将欧式奢华推向顶点。

油画将欧式教堂风情带入房间。

自顶而下的镂空大花背景墙给人独特视觉享受。

一副彩色挂画为欧式纯白风格带去一抹亮色。

挂画增添现代欧式素雅风情。

几幅挂画尽显欧式建筑之美。

欧式建筑风背景墙体现立体对称美。

分区立体背景墙更加突出挂画精美。

宽金属边使暗纹壁纸多了一点高调之美。

精致的边框浮雕静静展现出细节质感。

镂雕花朵背景墙艺术感十足。

书架设计使背景墙实用价值提升。

漫画挂画为条纹壁纸增添趣味。

色彩艳丽的壁纸与纯净的白色相互呼应。

古典家具和欧式纹样营造出富贵和奢华。

拼镜背景墙的奢华感摄人心魄。

巨幅油画体现高贵品质。

壁纸体现了自然宁静的欧式田园风情。

精美挂画装点典雅欧式家居。

重复简单的图案充满房间表现整齐素净之美。

精致油画凸显欧式华丽风情。

背景挂画带出独特简练的现代感。

金属条反衬出华美灯光。

挂画的色调与情趣与小室有机呼应。

挂画的色调与情趣与小室有机呼应。

银色反光壁纸结合金属方框彰显欧式奢华气质。

青翠的叶片带来清新自然的视觉享受。

摩登挂画与欧式家居撞出混搭美感。

黑白边框使壁纸有了几何美。

背景墙半立体处理增添房间图画美。

壁炉、窗户、墙体连贯一体。

金色镜面背景墙使空间延展迷离。

挂画的搭配排列充满艺术感。

两个相交透光大圆打破了黑色大理石背景墙的严肃沉默。

绿植挂画为房间增添一抹绿色。

挂画中的欧式宫殿与现代家居形成反差美。

花纹壁纸使墙壁充满现代感。

花纹壁纸使墙壁充满现代感。

黑色大理石边框凸显庄重奢华。

独特纹理大理石拼出大气如画的背景墙。

水墨画壁纸体现了一种悠闲自在的心境。

绚丽荷花图个性鲜明。

淡黄色花鸟壁纸透出清新的田园风。

壁纸以白底衬托烟波水纹上两只活灵活现的金鱼。

文化石灯光下更显立体。

流畅的书法诠释文字魅力。

竖条纹流畅自然。

嫩绿叶片壁纸环保清新。

壁纸营造隐隐绰绰的欧式浪漫氛围。

小瓷砖拼接背景墙逼真持久。

横竖条纹使灰白背景墙不再单调。

金属边方格背景墙透出简欧风。

鹿头装饰与挂画交相呼应展示对称和谐美。

背景墙结构错落有致极具空间感。

金色壁纸与欧式油画体现奢华与艺术的完美统一。

嵌入式鱼缸节约空间。

挂画与周围家居呈现一种舒适的和谐。

风景挂画增添自然生机。

花纹壁纸体现欧式古典美。

小瓷砖拼接背景墙有一种流光美。

精致挂饰排列出对称美。

暗金反光花纹壁纸更显奢华。

壁纸中嬉闹林中的鸟儿活泼生动。

原木背景墙与地板相融为一景。

米色花纹壁纸在灯光下温馨柔美。

中国园林造景的手法运用到室内空间。

部分刷白背景墙凸显古老欧洲小镇风情。

抽象挂画体现主人独特品味。

白色花朵壁纸淡雅宁静。

挂画颜色成分与周围家居和谐一致。

蓝底花纹壁纸成为房间亮点。

背景墙上的独特镜子极具艺术空间美。

多列软包背景墙给人舒适时尚的感觉。

镜面背景墙使空间和光线延展。

砖面背景墙呈现出一种历史的沉淀之美。

木条纹背景墙温暖拙朴。

门式背景墙使空间视觉连通。

浅蓝色壁纸带来清凉舒畅的视觉享受。

竖条纹壁纸有增加空间高度的视觉效果。

太阳形镜面装饰凸显了灯具华美。

淡雅壁纸使圆形空间更加宁静别致。

金色挂画高调奢华。

米白色的枝蔓展现独有的柔美。

一幅鸟鸣花间图尽显自然生机。

挂画反光表面将灯影印照在图画里美轮美奂。

通透的鱼缸让空间得以延伸。

利用空缺与对比构造立体抽象美。

背景墙的立体结构设计。

突出的花纹彰显欧式繁复之美。

大幅壁画与地面和顶面完美呼应。

横纹反光背景墙使光线打出层层水纹波。

光洁的大理石背景墙尽显奢华。

菱形软包背景墙舒适简单。

黑色方框为米色背景墙增加几何美感。

三角形纹路使背景墙有了方向感。

模具飞机装点出孩童般的纯真。

挂画展现传统艺术美。

细密的竖条纹壁纸线条感十足。

大玻璃窗使空间更加通透明亮。

造型独特的镜子也反射出别具一格的天花板。

一副人物油画展现清新自然的欧式田园风情。

凹凸有致的大理石背景墙充满立体感。

素雅壁纸透出浓浓的自然生机。

嫩黄摆花为房间注入春天的气息。

自然＼舒适＼温婉＼内敛＼悠闲＼舒畅＼光挺＼华丽＼朴实＼亲切＼实在＼平衡＼温
婉＼内敛＼悠闲＼舒畅＼光挺＼华丽＼自然＼舒适＼温婉＼内敛＼悠闲＼舒畅＼
挺＼华丽＼朴实＼亲切＼实在＼平衡＼温婉＼内敛＼悠闲＼舒畅＼光挺＼华丽＼自
然＼舒适＼温婉＼内敛＼悠闲＼舒畅＼光挺＼华丽＼朴实＼亲切＼实在＼平衡＼温
婉＼内敛＼悠闲＼舒畅＼光挺＼华丽＼自然＼舒适＼温婉＼内敛＼悠闲＼舒畅＼光
挺＼华丽＼朴实＼亲切＼实在＼平衡＼温婉＼内敛＼悠闲＼舒畅＼光挺＼华丽＼温
婉＼内敛＼悠闲＼舒畅＼光挺＼华丽＼朴实＼亲切＼实在＼平衡＼温婉＼内敛＼悠
闲＼舒畅＼光挺＼华丽＼自然＼舒适＼温婉＼内敛＼悠闲＼舒畅＼光挺＼华丽＼朴
实＼亲切＼实在＼平衡＼温婉＼内敛＼悠闲＼舒畅＼光挺＼华丽＼自然＼舒适＼温
婉＼内敛＼悠闲＼舒畅＼光挺＼华丽＼朴实＼亲切＼实在＼平衡＼温婉＼内敛＼悠
闲＼舒畅＼光挺＼华丽＼自然＼舒适＼温婉＼内敛＼悠闲＼舒畅＼光挺＼华丽＼朴
实＼亲切＼实在＼平衡＼温婉＼内敛＼悠闲＼舒畅＼光挺＼华丽＼自然＼舒适＼温
婉＼内敛＼悠闲＼舒畅＼光挺＼华丽＼朴实＼亲切＼实在＼平衡＼温婉＼内敛＼悠
闲＼舒畅＼光挺＼华丽＼自然＼舒适＼温婉＼内敛＼悠闲＼舒畅＼光挺＼华丽＼朴
实＼亲切＼实在＼平衡＼温婉＼内敛＼悠闲＼舒畅＼光挺＼华丽＼自然＼舒适＼温
婉＼内敛＼悠闲＼舒畅＼光挺＼华丽＼朴实＼亲切＼实在＼平衡＼温婉＼内敛＼悠
闲＼舒畅＼光挺＼华丽＼温婉＼内敛＼悠闲＼舒畅＼光挺＼华丽＼朴实＼亲切＼实
在＼平衡＼温婉＼内敛＼悠闲＼舒畅＼光挺＼华丽＼自然＼舒适＼温婉＼内敛＼悠
闲＼舒畅＼光挺＼华丽＼朴实＼亲切＼实在＼平衡＼温婉＼内敛＼悠闲＼舒畅＼光
挺＼华丽＼自然＼舒适＼温婉＼内敛＼悠闲＼舒畅＼光挺＼华丽＼朴实＼亲切＼实
在＼平衡＼温婉＼内敛＼悠闲＼舒畅＼光挺＼华丽＼自然＼舒适＼温婉＼内敛＼悠
闲＼舒畅＼光挺＼华丽＼朴实＼亲切＼实在＼平衡＼温婉＼内敛＼悠闲＼舒畅＼光
挺＼华丽＼自然＼舒适＼温婉＼内敛＼悠闲＼舒畅＼光挺＼华丽＼朴实＼亲切＼实
在＼平衡＼温婉＼内敛＼悠闲＼舒畅＼光挺＼华丽＼自然＼舒适＼温婉＼内敛＼悠
闲＼舒畅＼光挺＼华丽＼朴实＼亲切＼实在＼平衡＼温婉＼内敛＼悠闲＼舒畅＼
挺＼华丽＼自然＼舒适＼温婉＼内敛＼悠闲＼舒畅＼光挺＼华丽＼朴实＼亲切＼

PASTORAL

田园混搭

　　追求清新简约的年轻人更倾向于淡雅质朴的墙面风格，淡绿、淡粉、淡黄的浅色系壁纸，无论在餐厅、书房还是卧室，一开门间，素雅的壁纸带来一股清新的味道，给人以回归自然的迷人感觉。

黄色壁纸带来阳光般的温暖。

数字壁纸有一种凌乱的美感。

原木条纹背景墙质朴自然。

穹顶欧式建筑油画彰显欧式古典美。

灰蓝纯色壁纸简洁自然。

壁纸反光暗纹在灯光下若隐若现。

从壁纸中吹出一股活泼可爱风。

打造凹槽成摆架空间利用效率高。

原木纹理壁纸自然质朴。

橘黄色壁纸使家明亮活泼。

深色素雅壁纸有一种自然古老的气息。

花朵壁纸清新淡雅。

深浅交替的方格黄色壁纸混搭出田园英伦风。

浅蓝色壁纸使人清凉心静。

繁华壁纸透出欧式田园风情。

蓝底白花壁纸一派淡雅宁静。

深蓝与深棕条纹交替极具现代感。

壁纸营造出幻境般的世界。

自然的墙纸营造出春天般的气息。

前卫的色彩搭配，时尚而富有视觉冲击力。

淡雅壁纸是欧式田园风格的经典底衬。

彩色圆点壁纸体现自然缤纷之美。

深蓝色壁纸裹挟着海水的气息。

大幅女性挂画时尚前卫。

原木栏栅背景通透自然。

灰色区域嵌在拼接木条内体现抽象与传统的融合。

Background Wall

整个砖面嵌入原木躲传递出浓浓的大自然泥土气息。

淡蓝色壁纸有舒适宁静之美。

翠绿的植物花纹壁纸护眼清新。

彩色条纹背景墙将林中美景抽象演绎出来。

各式各样的挂画为房间增添不少乐趣。

简单而生动的搭配。

木条的天然纹理使自然气息悄然四散。

蓝色木条背景墙似乎一艘远航的船。

黑色木板背景墙温暖结实。

壁纸隐约可见的圆点使墙壁不再单调。

壁纸上白色暗纹在灯下隐隐绰绰似乎可以动。

蛋黄色壁纸有蛋糕一样的甜美。

墨绿色方格壁纸为房间增添树的气息。

绿色花纹壁纸生机盎然。

淡蓝色白花纹壁纸似翻腾着海浪的海水。

木板上绘出的小狗为屋内添了一丝可爱的生机。

淡黄色大花纹壁纸温馨柔美。

壁纸带来一种大自然的洒脱之美。

壁纸体现出英国小镇风情。

刷白的砖块背景墙展现最本质的美。

横条纹黑色背景墙有一种穿梭时光的错觉。

艳丽的鹦鹉油画将自然生机带入屋内。

宽木板背景墙质朴大方。

卡通背景墙释放出每一个人的童心。

灰绿壁纸既环保又让人平和。

淡蓝壁纸使房间轻快舒畅。

镂空花纹以棕色做底尽显地中海闲适风情。

蔚蓝色竖条木板给人天空般的舒爽。

深金色花纹壁纸彰显庄重贵气。

米黄色暗纹瓷砖素雅柔和。

浅绿壁纸上各种形状的挂画更显随性自然。

香槟色背景墙在灯光下浪漫柔和。

明亮丰富的背景墙散发出浓浓地中海风情。

蓝色光影壁纸营造出新奇的海底氛围。

大花蓝色背景墙大气典雅。

原木色背景墙使整个房间笼罩于自然温暖的气氛中。

米黄色长木条拼接背景墙充满层次感。

圆形的拱门造型和蓝色海滩营造出地中海式的情调。

壁纸竖长条纹使空间视觉高度增加。

文化砖的仿制处理。

原木色背景墙与绿植呼应打造自然景致。

花朵静物挂画使背景墙自然优雅。

墙顶的窄窗连接内外空间展示真实自然之美。

浅蓝色碎花壁纸凸显淡雅宁静的气质。

油画假窗与挂画组合用艺术气息填满背景墙。

简洁的壁纸与整个家居和谐统一。

明亮的深黄色背景墙给人太阳般的温暖感觉。

地中海假窗增添不一样的风情。

不同样式的条纹壁纸带来层次感。

花朵壁纸与挂画及盆栽交相呼应。

蓝色碎花壁纸干净素雅。

带有特殊图案的背景墙富含神秘感。

黄绿、深绿、墨绿色瓷砖穿插变换。

蓝红灰小格子组成马赛克式背景墙。

文化砖的仿天然处理。

壁纸给人一种淡雅甜美的感觉。

米白色立体四叶草把小幸运洒满背景墙。

荷花壁纸带入中华文化魅力。

三种样式瓷砖组合出别致可爱的背景墙。

风格不一的墙饰、油画、壁纸将混搭美演绎至极致。

精雕细琢的挂饰在灯光下韵味十足。

壁纸传递一种柔软浪漫的美感。

马头人身少女油画彰显个性。

金属线条分割米白色背景墙更显高档。

竖条软包背景墙优雅舒适。

壁纸与挂画风格色调相呼应。

深蓝色壁纸古典浪漫。

木制挂画传递出无穷尽的文化内涵。

欧式建筑壁纸使墙壁也充满文艺感。

壁纸上淡淡的花纹优雅迷人。

挂画体现了一种另类的原始风情。

原木色背景墙天然纯朴。

挂画蕴含一种高贵勇敢的骑士精神。

挂画尽情展现出植物柔美的生机。

背景墙体现了古老悠久的城市底蕴。

挂画好似两幅优秀的图画作品。

银白色软包背景墙体现舒适高贵之感。

壁纸营造出整齐简洁的后现代之感。

大理石烟纹背景墙高雅文艺。

对称挂画尽展中式古风古韵。

九宫格镜面背景墙带来空间分散拓展的错觉。

淡蓝色壁纸清新可爱。

自然淡雅的鸟鸣枝间图更具代入感。

一副世界地图跃然墙上让人眼界开阔。

壁纸上加深的条纹使背景更富层次。

壁纸使人有如入梦境之感。

壁纸新颖独特又自然清新。

斑马纹壁纸时尚个性。

六边形挂饰在海蓝色壁纸上好似阳光下凌凌的水波。

交替出现的挂画展示了动静之美。

从挂画中吹出浓浓的民族艺术风。

壁纸上的银色裂纹随光显现时尚夺目。

壁纸为房间打造愉悦简约的氛围。

画幕对称和谐透露出一丝禅意。

壁纸带来一室海洋奔流不息的朝气。

白色暗纹壁纸低调而雅致。

背景墙上下呼应营造闲适的乡间田园风情。

黑白条背景墙与彩色斑马挂画共同演绎另类的时尚。

背景墙上的摆物格子新颖实用。

后现代风格的背景墙。

深黑色衬托黄绿色植株使自然风情中多了贵气。

小碎花格的壁纸和大花格的窗帘形成了和谐之美。

壁纸夸张的表现手法将大自然的气息无限放大。

一组个性化的画框成为视觉中心。

原木背景墙与挂画阐释了自然与城市密不可分的关联。

中式镂空背景墙添加了一种庄重的和谐。

对称纹路的大理石更显独特奢华。

文化石为房间增添古城堡气息。

背景墙的砂面处理。

暗灰色壁纸体现欧式古典美。

中式图画将古代生活情趣带入室内。

挂画蕴含浓浓的民族风情。

中式实木雕花与当中一副字画把传统之美发挥极致。

灰蓝色百叶背景墙通透清爽。

背景墙以大理石与国画相呼应尽显中式富贵。

抽象的黑白美传递出简单随性的生活品味。

创造\实用\空间\简洁\前卫\装饰\艺术\混合\叠加\错位\裂变\解构\新潮\低调\构造\工艺\功能\创造\实用\空间\简洁\前卫\装饰\艺术\混合\叠加\错位\裂变\解构\新潮\低调\构造\工艺\功能\简洁\前卫\装饰\艺术\混合\叠加\错位\裂变\解构\新潮\低调\构造\工艺\功能\创造\实用\空间\简洁\前卫\装饰\艺术\混合\叠加\错位\裂变\解构\新潮\低调\构造\工艺\功能\创造\实用\空间\简洁\前卫\装饰\艺术\混合\叠加\错位\裂变\解构\新潮\低调\构造\工艺\功能\简洁\前卫\装饰\艺术\混合\叠加\错位\裂变\解构\新潮\低调\构造\工艺\功能\创造\实用\空间\简洁\前卫\装饰\艺术\混合\叠加\错位\裂变\解构\新潮\低调\构造\工艺\功能\创造\实用\空间\简洁\前卫\装饰\艺术\混合\叠加\错位\裂变\解构\新潮\低调\构造\工艺\功能\简洁\前卫\装饰\艺术\混合\叠加\错位\裂变\解构\新潮\低调\构造\工艺\功能\创造\实用\空间\简洁\前卫\装饰\艺术\混合\叠加\错位\裂变\解构\新潮\低调\构造\工艺\功能\创造\实用\空间\简洁\前卫\装饰\艺术\混合\叠加\错位\裂变\解构\新潮\低调\构造\工艺\功能\简洁\前卫\装饰\艺术\混合\叠加\错位\裂变\解构\新潮\低调\构造\工艺\功能\创造\实用\空间\简洁\前卫\装饰\艺术\混合\叠加\错位\裂变\解构\新潮\低调\构造\工艺\功能\创造\实用\空间\简洁\前卫\装饰\艺术\混合\叠加\错位\裂变\解构\新潮\低调\构造\工艺\功能\简洁\前卫\装饰\艺术\混合\叠加\错位\裂变\解构\新潮\低调\构造\工艺\功能\创造\实用\空间\简洁\前卫\装饰\艺术\混合\叠加\错位\裂变\解构\新潮\低调\构造\工艺\功能\创造\实用\空间\简洁\前卫\装饰\艺术\混合\叠加\错位\裂变\解构\新潮\低调\构造\工艺\功能\创造\实用\空间\简洁\前卫\装饰\艺术\混合\叠加\错位\裂变\解构\新潮\低调\构造\工艺\功能\创造\实用\空间\简洁\前卫

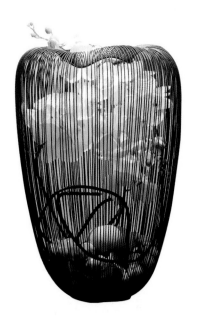

MODERN
现代潮流

透视的艺术效果、抽象的排列组合、黑白灰的经典颜色……明朗大胆,映衬在金属、人造石等材质的墙面装饰中不显生硬,反而让居室弥散着艺术气息,适合喜欢新奇多变生活的时尚青年。

灰泥墙壁纸体现工业时尚风格。

气势恢宏的风景挂画使浅灰色背景墙不显单调。

以黑色反光材料凸显现代潮流。

凹凸不一的十字架表达了艺术张扬的个性。

黑色树影斑驳反而营造出一种都市硬朗的风格。

文化石的仿天然处理。

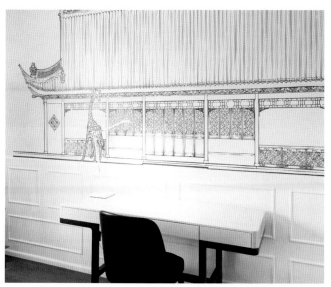

背景墙中西合璧而又混入田园特色。

金色反光条简单时尚。

描边的金点使背景墙特点突出。

个性涂鸦将都市最新潮元素汇集呈现。

黑白抽象挂画在白色文化砖衬托下更显神秘独特。

黑色边框添加现代感。

黑色反光长条抽象排列使背景墙新颖时尚。

铁丝挂饰彰显另类张扬的艺术气质。

小鸟挂饰沿波浪线展开时尚精致。

个性的挂画使背景墙独具一格。

灰黑抽象画营造现代艺术氛围。

壁纸以极窄的黑白相间条纹体现快速的现在生活节奏。

涂鸦的城堡将欧式古典与现代相融合。

背景墙混搭出别致的时尚风格。

对面的空间映射在黑色反光背景墙亦真亦幻。

刺绣花纹背景墙尽显中式内涵。

深黄色黑纹软包背景墙时尚又舒适。

立体方格白色背景墙简约不简单。

黑白灰立体背景墙充满现代质感。

灰色立体背景墙打造工业风。

文化砖上落几片金秋枫叶使生活艺术感飙升。

抽象画颜色靓丽时尚。

壁纸营造出自然清新的田园风格。

抽象挂画将都市的繁华展现在眼前。

Background Wall

背景墙上绒绒的绿与圆木桩无不散发出自然的气息。

多种风格的背景墙使房间充满混搭的美。

镜面背景墙有拓展空间变幻体验的效果。

长方条软包银色背景墙时尚优雅。

黄色网结构带入一室自然之美。

黑色花纹壁纸时尚又淡雅。

文化砖嵌大理石彰显个性。

香槟色条形拼接背景墙优雅简约。

一排圆盘大小不一并然有序透出都市艺术气质。

被线条抽象分割的背景墙。

黑白条纹从中心扩散开来炫目时尚。

文化石的仿旧处理。

深蓝色为个性的挂饰增添艺术气质。

沉稳的浅棕色更衬钟表的造型拉风。

墙壁上发蓝光的大圆孔给人一种在太空舱的错觉。

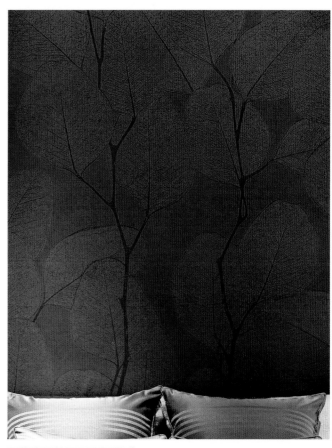

图案磨砂处理后更具质感。

各具姿态的书架时尚又实用。

多变的立体几何图形组合出一种别样的摩登感。

摩登与奢华于一颗颗闪亮的水晶中迸发出来。

壁纸展现了朦胧的艺术美感。

酷酷的女孩张扬出都市个性与潮流。

城市黑白剪影使简约现代一目了然。

银色横纹绘出个性丰富的人物形象。

艳丽的花朵带来热情奔放的气息。

灰银色背景墙使光线耀眼夺目。

随意的横线条划过整齐的竖条纹形成强烈对比。

软包背景墙不失时尚之感。

挂画壁纸营造出冰裂的感觉。

不同材质搭配的背景墙达到不同的效果。

水墨画打造出一种浓浓的诗意。

灰色的砖墙营造出一种古朴。

白色软包彰显凹凸的机理。

花格网纹的背景墙朴素而大方。

拼花背景墙有一种特殊的素雅。

居中的一段立体石膏石墙为艺术挂画提供展示空间。

不同深浅的青灰色使壁纸简单而不单调。

波浪般的薄铁板展现出线与面的抽象美。

浅灰的面与白色的条相间现代简约。

光线使黑色更纯粹有质感。

玻璃面挂饰使光线更明亮。

简单的横竖线条打造简洁现代背景墙。

实木镂空隔板沟通了内外空间。

米白色壁纸使光线更柔和唯美。

暗设的光源时尚便捷。

背景墙空间与颜色都极具层次感。

抽象的挂饰独树一帜。

白瓷砖背景墙干净简洁。

黑色的边框塑造出三维立体空间感。

城堡抽象挂画平添艺术气质。

藏在小空间的摆件及挂饰使空间充实有趣。

黑板式的背景墙记录了生活的点滴。

背景墙与电视柜巧妙融合。

两条分隔线赋予白色墙壁现代感。

紧密的长菱形与三色挂画营造出一种后现代气质。

白色立体背景墙时尚简约。

黄色马赛克壁纸明亮新潮。

镜面使空间得以延展。

长方形光带中心随意耷拉的线条凸显一种巧妙的另类。

白色亮面文化砖是传统与现代的结合。

抽象多变的黑色方框打造现代潮感。

立体波浪唯美时尚。

挂画与挂饰显示出潮流与艺术的共存美。

波浪线分隔方块优雅自然。

黑白墙壁摩登时尚。

光与影使黑色的立体墙面更迷人。

埃菲尔铁塔讲述着这个现代城市古老的历史。

凌乱的镜面映照出更富层次的对面空间。

背景墙有一种现代工整的艺术。

巧妙的摆台设计新颖时尚。

深色实木边框为软包背景墙融入坚实的质感。

多彩的都市生活情趣由一幅幅挂画展现出来。

文化石的处理凸显工业理性质感。

凹进背景墙中的摆件柜实用美观。

灰色的壁纸透出冷静的气息。

正方形方格背景墙使人愉悦。

缝隙与纹路制造出空间变幻的错觉。

原木色背景墙自然真实。

不同风格的背景墙使房间丰富多姿。

抽象的镂空黑色海豚是自然与时尚的混合。

壁纸凸显了一种飘散的美。

立体挂画有种灵动的美感。

白色方框将浅灰壁纸营造出空间变幻的美。

壁纸透出都市白领干练的气质。

灰色给一种粗犷硬朗的视觉体验。

背景墙有自然温暖的感觉。

光滑的质感使背景墙更明亮。

软包的背景墙更具立体。

小壁炉的设计让空间生动起来。

凹凸的背景墙让空间富有机理性。

灰色的调子中加上金属色的细条让背景更加细腻。

光滑的质感使背景墙更明亮。

背景墙上的黑色通风条透着丝丝酷炫的风。

Background Wall

细细的纹理使灯光下的墙面泛出光泽。

素雅的背景墙更有便捷的独特设计。

大镜面将对向空间折叠在一起。

简洁的背景墙让空间更有现代感。

简单的设计让白色也与众不同。

不同分区打造出风格各异的背景墙。

太阳花挂饰为现代家居注入抽象艺术气息。

协调的颜色使抽象挂画也散发和谐美。

被抽象分割后原木背景墙也赋予了个性。

真假栏杆在悬空楼梯两侧交相呼应。

镂空的背景墙带来一股祥瑞之气。

巧借一条自然光提升时尚品质。

斜面设计富含现代层次感。

深陷的圆点使光影交错变幻。

一幅抽象挂画使房间独具一格。

蓝色壁纸上交错的扇形光面展现另类的自然美。

规整的圆贴着多变的三角形展现几何空间美。

独特的斑马挂画是房间的艺术亮点。

中式边框的镜面透出古风韵。

黑白对比与堆砌角落的原木象征都市与自然和谐统一。

苍劲的植株展现自然的坚韧。

灰色的墙纸和木质材料的组合。

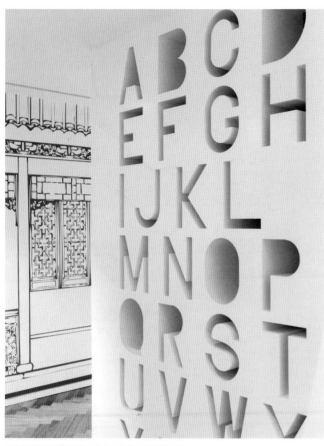

3D 效果的字母打造立体个性的墙面。

黑白立体墙饰彰显凌乱的美感。

斑马纹背景墙散发着野性妩媚的味道。

以个性的人物抽象画将时尚混搭入田园。

中式花磁盘在文化砖衬托下韵味十足。

黑色反光条带提升了背景墙的时尚感。

带有故事性的壁纸充满想象力。

明亮的镜面将现代、中式、自然混搭组合成一幅文艺的画面。

黑色的纹理有种沉淀的美感。

金属条将背景墙不规则分割凸显超潮流风格。

黑色边框增添摩登气派。

都市气息从一幅浓缩的城市景观中飘散出来。

抽象的油画为温馨壁纸添加一抹艺术灵性。

整齐的花篮为墙壁铺满生气。

柔和的灯光为纯白背景墙增添浪漫温馨之感。

对称的区域分割干脆利落。

背景墙区域分割纯净而不单调。

大理石凹槽搭配龙头威严庄重。

反光材料补充在镂空部分使背景墙淳朴时尚。

精致的挂画填充了艺术品位。

百叶窗让房间更透亮纯净。

灰色花纹大理石与反光竖条整合出奢华的现代感。

水晶、软包、大理石、镜面让背景墙于时尚中凸显奢华。

背景墙打造舒适的生活质感。

以硬朗的曲面与深沉的纹理凸显大气华贵。

繁复缤纷的世界地图是充满探险精神的挂图。

文化石营造古朴的艺术气质。

布满白色短条纹的灰色壁纸冷静中多份浪漫。

花纹大理石背景墙气势恢宏。

柔美的曲线使自然的原木背景墙别致独特。

极简的背景墙不无凹凸有致的现代感。

突出的长短木段与混入的灯光打造时尚摩登的墙面。

爱丽丝童话壁纸将欧式带入仙境。

镂空金属栏栅展现个性的文艺气息。

造型错落有致的立体玻璃堆积出未来感。

镂空的背景花纹突出雅致生活情调。

变幻的蓝色映照出不一样的现代家居。

大幅绘画让空间饱满。

海洋主题的挂饰与挂画使房间风格突出。

繁多的精美艺术品使背景墙充满艺术气息。

黑色的软包与乳白色的墙纸形成强烈对比。

色彩艳丽的挂画带来浓郁的民族风情。

花鸟壁纸与软包完美结合。

铁框摆物架吹出工业时尚风。

逐渐缩小的方框使镜中世界无限拓展。

壁纸展现了欧式的精致与典雅。

分离的挂画将植物的美拓展开来。

石膏墙的艺术创作。

黑色条纹使背景墙层次丰富。

抽象风格的挂画带来现代艺术气息。

成片多彩小块铺满背景使人愉悦。

美景壁纸将视线延展。

深凹的圆点凸显黑色光泽。

红色砖块为背景墙增添暖色。

淡蓝色壁纸使个性挂画书架更为显眼。

以深红背景与白色大花凸显富贵大气而不过分艳丽。

背景墙透出一种可爱的气质。

卡通壁纸搭配卡通飞机挂画童心十足。

石膏墙打造优美古堡。

灰色壁纸暗纹流动营造一种超现实的氛围。

高低参差的长方体与散落的灯光打造未来视觉。

镂空格栅的浅灰色使实体部分也好似透明。

抽象摆放的金属挂饰个性鲜明。

鹿头装饰使文化砖墙多出一种田园风情。

错落有致的摆台增添生活情趣。